打败无聊的 N种方法

玩坏这本书

人间指南编辑部 编著

人民邮电出版社

北京

图书在版编目（CIP）数据

打败无聊的 N 种方法. 玩坏这本书 / 人间指南编辑部

编著. -- 北京：人民邮电出版社, 2024. -- ISBN 978

-7-115-64675-0

Ⅰ. B842.6-49

中国国家版本馆 CIP 数据核字第 2024HQ8547 号

内 容 提 要

　　这是一本能为日常生活带来欢笑与乐趣的书。本书通过一系列富有创意的活动、游戏和提示，鼓励读者打破常规，用全新的视角看待周围的世界。本书内容涵盖从简单的文字游戏到复杂的创意挑战，旨在激发读者的想象力和创造力，让读者在轻松愉快的氛围中学会用更有趣的方式解决问题，让生活更加丰富多彩。

　　无论你是正在寻找解压方式，还是希望与亲朋好友共度欢乐时光，本书都将为你带来无尽的欢笑与灵感。让我们一起翻开这本书，给生活加点乐！

◆ 编　　著　人间指南编辑部
　　责任编辑　许　菁
　　责任印制　周昇亮
◆ 人民邮电出版社出版发行　　北京市丰台区成寿寺路 11 号
　　邮编　100164　　电子邮件　315@ptpress.com.cn
　　网址　https://www.ptpress.com.cn
　　固安县铭成印刷有限公司印刷
◆ 开本：880×1230　1/64
　　印张：1.75　　　　　　　　　2024 年 9 月第 1 版
　　字数：120 千字　　　　　　　2025 年 9 月河北第 8 次印刷

定价：19.80 元

读者服务热线：(010) 81055296　印装质量热线：(010) 81055316
反盗版热线：(010) 81055315

使用指南

欢迎打开这本充满创意与乐趣的书。请先深吸一口气，以平静的心态诚实回答以下问题：

1.你是否会因为担心忘记某些事情（如锁门、关闭电器等）而反复检查？

2.当看到通信软件有新消息提醒时，你会控制不住地想点开吗？

3.摆放整齐的物品是不是会让你感觉非常清爽？

如果以上答案都是肯定的，那么快来翻看这本书吧。过去你不敢对一本书做的事儿，在这里都可以实现，还可以将焦虑情绪一网打尽，解压游戏帮你放松身心！

在接下来的阅读时光中，不管翻到哪页，都请按照指示完成书中的游戏任务。这是一本不需要你"怜惜"的书！

请用优雅的字体签下你的姓名
（给自己起个响亮的称号）_____

你的年龄
（写下你的心理年龄）_____

你打开本书的时间是
（地球时间、火星时间都行！）_____

若有缘人拾到了这本书，诚邀你参与书中的游戏，请翻到任意一页并遵照该页要求完成任务。

设计一个厉害的**解锁图案**，
千万别忘了！

把下面这些
不好的情绪撕下来，
扔到垃圾桶里！

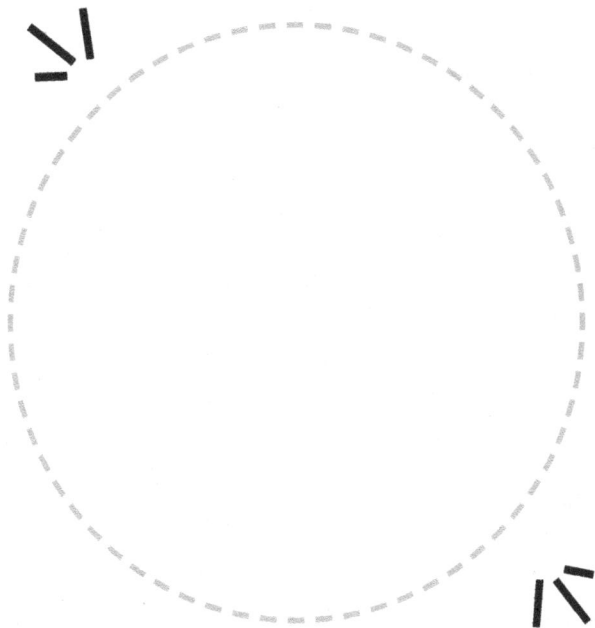

好运转出来！
设计并剪下**转盘**，找一支笔，
转出运气值！

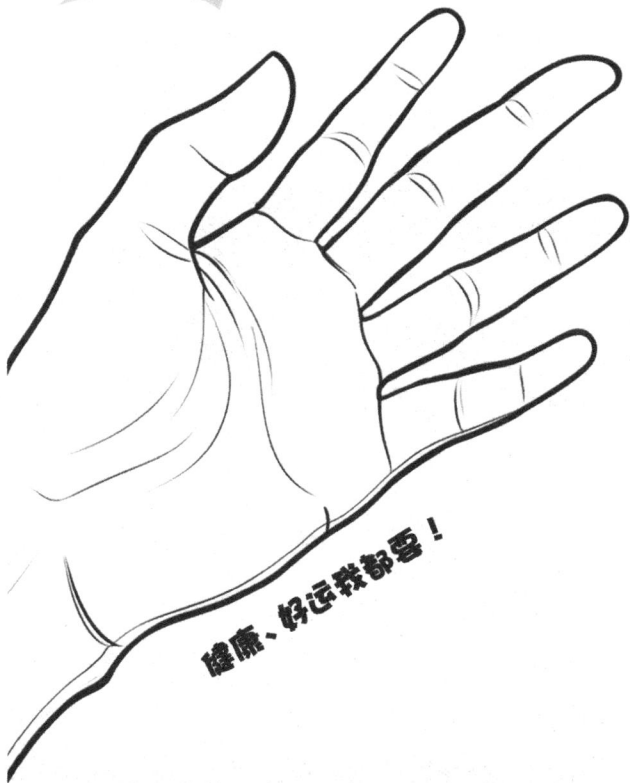

找尽可能多的人
为你写福字。
越多越好，集福气！

夜街灯火福安康

农宅美酒笑常在

此为福地！

和3个朋友接力画完
四幅连环画，
请朋友们来尝试讲出整个故事。

①

③

看看谁的故事最劲爆！

②

④

下面这几个火柴人是你的朋友，
快来为他们画出
合适的身材！

今天电视台要播放一条
关于你的重大新闻，
快把内容写在屏幕上！

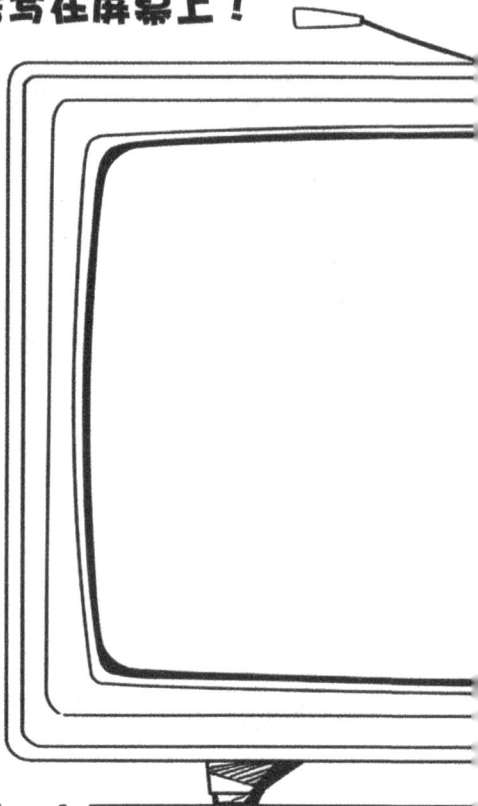

今日谜题：
请问学什么能让人
眼前一亮？

不仅能让人眼前一亮••••••

这些多肉，我一定能养成功！
快来丰富细节！

剪下这个**转盘**,
将笔放到上面转起来, 然后代入转到的
角色或说话方式,
读出这句话:

生活不能拿捏, 那就"拿铁"!

把这个房间
设计成你的**梦中情房**。

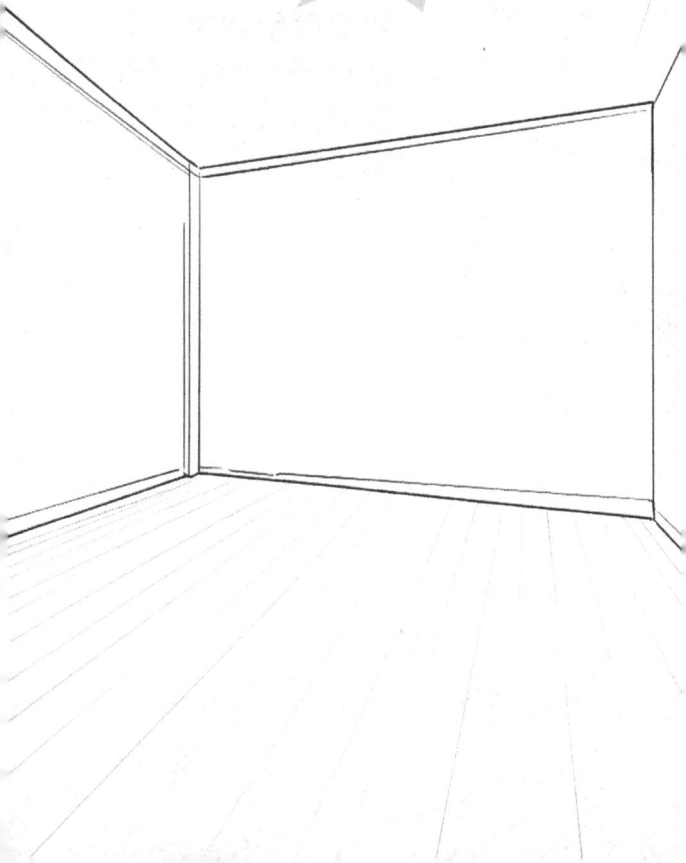

神奇树洞
在安静的地方，
把不开心的事情写下来，
然后用胶水或者订书钉
把树洞"封"起来。

粘贴处

你笑起来真好看，
像春天的花一样。
给他们画上笑脸吧！

写下此时此刻你想分享的人，
想说的话，
并在一周后打开这页，
重温那时的感受吧！

除了手指，
不要借助别的工具，
把手机屏幕擦干净。

在"水"里写下
你心底的**秘密**，
然后用笔涂黑，
谁也不知道。

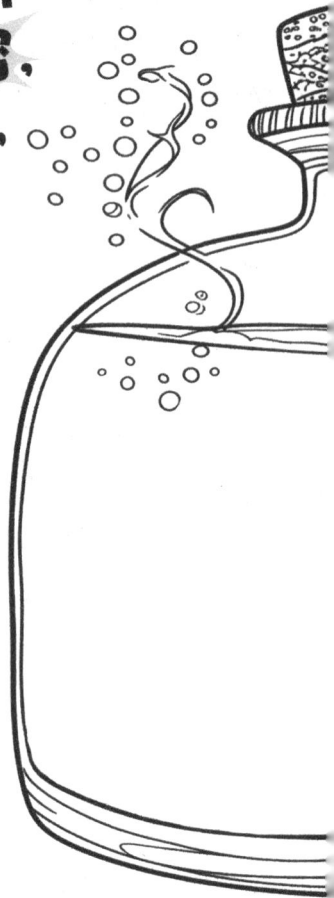

今天起，
说话的时候换种方式，
尝试做个可爱的人！

没空 - 我有急事

还行 - 挺不错的

你听明白了吗 - 我说明白了吗

我知道啊 - 谢谢你提醒我

随便 - 听你的

你有特工潜质吗?
速来对暗号!

奇变偶不变

宫廷玉液酒

氢氦锂铍硼

天空飘来五个字

勾　　股　　弦

在这只水豚头上
　尽可能多地画些东西，
也可以发动朋友来接力。
　加油，顶住！

找到不一样的那个，
圈出来，带它回家。

看到这页请认真思考下，
今天早上
关窗户了吗？

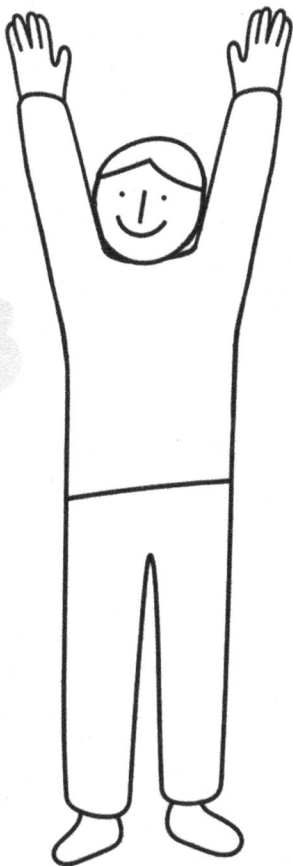

坚持 20 分钟不说话，如果有人来找你，剪下这页给他们看。

✂ 华丽的分割线

沉默是金，别跟我说话，我得攒钱。

还记得昨晚的梦吗？
在这里写一个完美的结局吧！

如果今天很焦虑，
那就用手拍下这个打板，
从这一刻开始，你就是演员，
扮演好现在的角色吧！

片名：

今日角色：

日期：

场景：

如果有朋友困了，
就选择一个能让人变**清醒**
的方法送给他。

□ 一杯热茶

□ 一杯苦咖啡

□ 一瓶风油精

把下面的线条
补充完整。

请用左手写下
此时的心情。

用笔给这根绳子
"串"上珠子吧！

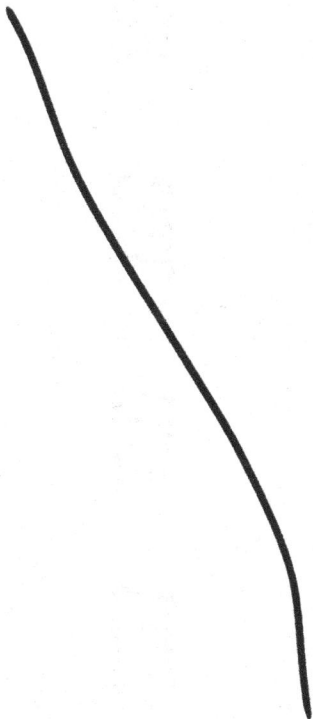

找出"目"以外的字，
然后把它们涂黑清除掉。

目　　目　　目

月　　目　　目

目　　目　　目

目　　目　　日

目　　　目　　　日

日　　　目　　　目

目　　　目　　　目

目　　　目　　　月

在这里添加烟火吧！
完成这幅画。

补全这只可爱的
猫咪吧！

把这个人的牙齿补充完整，让他可以正常吃饭。

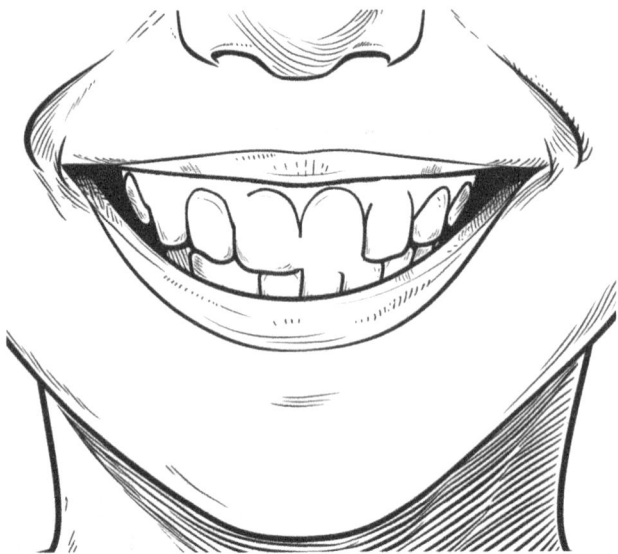

想象这个人是你自己，在你觉得不舒服的地方贴上创可贴。

临摹下边的字体，
要努力写得像一些。

绝

两个黄鹂鸣翠柳，

窗含西岭千秋雪，

句

一行白鹭上青天。

门泊东吴万里船。

在格子里涂上颜色，
从而画一幅像素感的画。

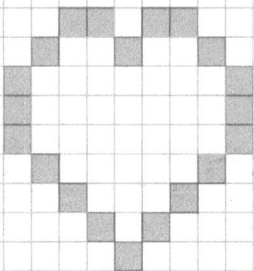

用任意方法给小马
去掉多余的腿。

今日有大雨，
在乌云下方
画满雨滴。

找一块橡皮，把它当作宠物来观察。

主人，每天给我换个表情，记录我的状态吧！

随着每天的使用，记录我的身高和体重吧！

用一周时间记录它每天的状态。

Day 1	该喂饭了	
Day 2	今日身高 _____	
Day 3	该洗澡了	
Day 4	今日心情 _____	
Day 5	该换装了	
Day 6	今日体重 _____	
Day 7	该遛弯了	

把这周的外卖单子贴在下面，看看自己吃了多少外卖，记得饮食要少油、少盐嗾！

补充这些画面，
使其更加完整！

邀请好友，
相互画出对方的
群聊头像吧！

群聊名称

群公告

我在群里的昵称

群成员（4）

画出河马的
大嘴巴，
并把嘴巴填满吧！

今天的我是：_____

_____

_____

_____

_____

_____

_____

请认真审读这篇作文，
标出错误之处，
然后给它打个分吧。

我的

今天我和朋友一起去
后一起去咬了一瓶酸奶。
下周一起去打电影。

一天

叫歌了，唱的太开水，然我非常高尚，和朋友约着

———月———日

与朋友一起写出
下方两个人物的对话，
然后大声念出来。

根据主题给她设计好看的妆容。

我想要"国风佳人"主题的妆容。

我想学适合霸气御姐
的烟熏妆，以及裸色
口红。

把图以外的地方涂黑。

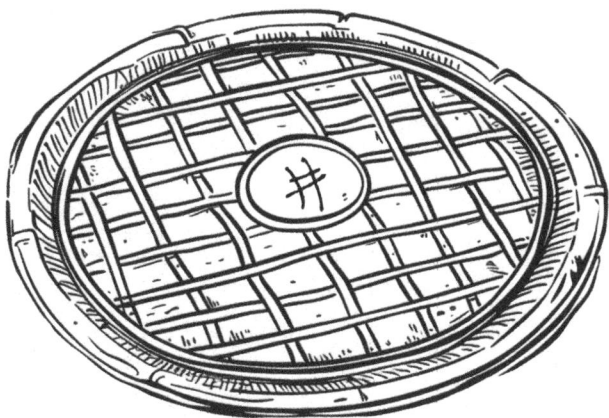

我知道你现在很生气，
我替你画个台阶，
快下来吧！

和朋友一起
收集手边所有的毛发，
给下方的男士"植发"。

你吃这块饼干的顺序是什么？

闭眼在空白处画下这幅图，
然后撕下来，
让朋友猜猜这是啥。

把这些表情剪下来，
可以将其贴到文具盒、本子上，
还可以将其贴到朋友的水杯上。

给这幅画上色，
然后剪下来贴在墙上吧！